Mlle Lambert

Mon livre de tricot

Writat

Cette édition parue en 2024

ISBN : 9789359941417

Publié par
Writat
email : info@writat.com

PRÉFACE .

Les exemples de tricot contenus dans les pages suivantes ont été choisis avec le plus grand soin, beaucoup sont originaux, et le tout est disposé de manière à les rendre compréhensibles même à un novice dans l'art.

Le tricot étant si souvent recherché comme divertissement du soir, tant par les personnes âgées que par les invalides, un type grand et distinct a été adopté, comme offrant une facilité supplémentaire. L'écrivain se sent confiant dans la recommandation de « MON LIVRE DE TRICOT » et espère humblement qu'il rencontrera le même accueil libéral qui a été accordé à son « MANUEL DE TRAVAUX D'AIGUILLE ».

Les nombreux piratages qui ont été commis sur son dernier ouvrage mentionné ont été une incitation à publier ce petit volume ; et du bas prix auquel il est fixé, rien, sinon une circulation très étendue, ne peut la garantir de la perte. Quelques exemples ont été choisis dans le chapitre sur le tricot du « HAND-BOOK ».

3, New Burlington Street ,
novembre 1843.

Explication des termes utilisés dans le tricot.

À lancer. — Le premier entrelacs du coton sur l'aiguille.

Larguer les amarres. — Tricoter deux mailles, et passer la première par-dessus la seconde, et ainsi de suite jusqu'à la dernière maille, qu'on doit fixer en passant le fil.

À jeter. — Faire avancer le coton autour de l'aiguille.

Rétrécir. — Diminuer , en tricotant deux mailles ensemble.

À coudre. — Tricoter une maille avec le coton devant l'aiguille.

Pour élargir. — Augmenter en faisant une maille, en ramenant le coton autour de l'aiguille, et en tricotant la même chose quand cela se produit.

Un tour. — Deux rangs dans le même point, en avant et en arrière.

Tourner. — Pour changer de point.

Se retourner. — Faire avancer la laine sur l'aiguille.

Une rangée. — Les points d'un bout à l'autre de l'aiguille.

Autour. —Une rangée, lorsque les mailles sont sur deux, trois aiguilles ou plus.

Une simple rangée. — Celui composé de tricot simple.

Perler un rang. — Tricoter avec le coton avant l'aiguille.

Côteler. — Travailler des rangs alternés de tricot uni et perlé.

Pour faire avancer le fil. — Faire avancer le coton de manière à faire un point ouvert.

Un point de boucle. —Fabriqué en amenant le coton devant l'aiguille, qui, en tricotant le point suivant, prendra à nouveau sa propre place.

Glisser ou passer un point. — Le changer d'une aiguille à l'autre sans le tricoter.

A fixer. — La meilleure façon d'attacher est de placer les deux extrémités à l'envers et de tricoter quelques mailles ensemble. Pour le tricot, avec de la soie, ou du coton fin, le nœud *de tisserand* sera le plus adapté.

A prendre sous. — Passer le coton d'une aiguille à l'autre, sans changer de position.

Perle, couture et point côtelé – Tous signifient la même chose.

NB Les *tailles* des *aiguilles* sont données selon la *Norme Filière* .

La gravure suivante représente la *Filière Standard* , ou aiguille à tricoter et à filet gauge, instrument inventé depuis quelque temps par l'auteur, et maintenant d'usage général, par lequel les différentes grosseurs des aiguilles à tricoter et à filet peuvent être constatées avec la plus grande exactitude.

Filière Standard .

Il est nécessaire, en donnant ou en suivant des instructions pour le tricot, d'avertir les tricoteurs d'observer un médium dans leur travail : ne pas tricoter ni trop lâche ni trop serré.

Poignets sibériens.

Neuf nuances de laine allemande, utilisées en double, seront nécessaires.— Non. 8 aiguilles.

Montez soixante-quatre mailles avec la teinte la plus foncée ; tricotez trois rangs unis.

Quatrième rang : avancez la laine, tricotez-en deux ensemble.

Répétez ces quatre rangs (qui forment le motif) neuf fois, en prenant à chaque fois une teinte de laine plus claire.

Une manchette en soie tricotée.

Filet de soie noire grossière.— Quatre aiguilles, n° 22. Monter vingt-huit mailles sur chacune des trois aiguilles :—tricoter deux tours unis.

Troisième tour : avancez la soie, glissez-en une ; tricotez-en un; passer le point glissé dessus ; tricotez-en un; perle un.

Répétez le troisième tour, jusqu'à ce que le brassard ait la profondeur requise ; puis, tricotez deux tours simples pour correspondre au début.

Point ouvert pour les poignets.

Avec de la soie grossière.— Quatre aiguilles, n° 22.

Montez n'importe quel nombre pair de mailles, sur chacune des trois aiguilles.

Premier tour : tricotez deux ensemble.

Deuxième tour : avancez la soie, tricotez-en une.

Troisième tour : tricot uni.

Répétez à partir du premier tour.

Très jolies manchettes.

Deux couleurs sont généralement utilisées : disons le rouge et le blanc. Elles sont les plus jolies en laine à broder à quatre fils, ou en laine allemande. — Il faudra deux aiguilles n° 16 et deux n° 20.

Montez quarante-six mailles.	
Avancez la laine, tricotez-en deux ensemble.	blanc .
Tricoter six rangs unis.	
Tricoter six rangs unis.	
Avancez la laine, tricotez-en deux ensemble.	rouge .
Tricoter six rangs unis.	
Tricoter six rangs unis.	
Avancez la laine, tricotez-en deux ensemble.	blanc .
Tricoter six rangs unis.	

Tricoter six rangs unis.

Avancez la laine, tricotez-en deux ensemble.   rouge .

Tricoter six rangs unis.

Tricoter six rangs unis.

Avancez la laine, tricotez-en deux ensemble.   blanc .

Prenez de la laine double et des aiguilles doublent la taille.

Tricoter un rang uni.

Perle un rang.

Tricoter deux rangs unis.   blanc .

Perle un rang.

Tricoter un rang.

Tricoter un rang uni.

Perle un rang.   rouge .

Répétez ces deux bandes rouges et blanches, alternativement, quatre fois, et terminez par les deux mailles ensemble, comme au début.

Les poignets, une fois terminés, se retournent vers le haut.

Muffatees avec deux couleurs .

Laine allemande, trois aiguilles, n° 25. Les plus jolies couleurs sont le cerise et le marron ; en commençant par le marron. Monter quatre-vingt-huit mailles, à savoir trente sur chacune des deux aiguilles et vingt-huit sur la troisième. Tricoter quatre tours, deux mailles de chaque alternativement perle et unie.

Tricoter un tour uni.

Perle trois tours.

Tout ce qui précède est d'une seule couleur , le marron.

Enlevez deux mailles sans tricoter ; tricoter six avec la cerise.—Répéter alternativement jusqu'à la fin du tour.

Les neuf tours suivants sont les mêmes.

Tricoter un tour uni avec le marron.

Perle trois tours.

Recommencez par la cerise, en tricotant quatre mailles seulement au début du tour ; puis enlevez deux mailles et tricotez-en six, alternativement, comme auparavant.

Ces poignets peuvent être travaillés à n'importe quelle longueur souhaitée, en terminant de la même manière qu'au début.

Muffatees pour messieurs .

Monter cinquante-quatre points, en double laine allemande.—No. 14 aiguilles.

Premier rang : avancez la laine, glissez-en une ; tricoter deux ensemble.— Répéter.

Chaque rang est le même, les premier et dernier points étant simples. Une fois terminés, ils doivent être cousus.

Muffatees côtelées unies .

Quatre aiguilles seront nécessaires.

Montez sur chacune des trois aiguilles, dix-huit ou vingt-quatre mailles, selon la taille souhaitée.

Premier tour : tricotez trois mailles endroit ; perle trois ;—en alternance.

Deuxième tour et tours suivants : répétez le premier.

Une autre paire de Muffatees .

Laine laineuse à trois fils ou laine Zephyr.—Non. 13 aiguilles.

Montez trente-six mailles.

Tricoter vingt points simples et seize en tricot double.

Lorsqu'ils sont suffisamment grands, tricotez-les ou cousez-les. Le tricot double vient sur la main, le tricot uni serré au poignet.

Poignets tricotés, motif coquillage.

Ceux-ci peuvent être fabriqués avec de la soie, du coton ou de la laine fine.— Aiguilles n° 22.

Montez trente mailles sur chacune des deux aiguilles, et quarante sur une troisième ; tricotez un tour uni.

Deuxième tour : première perle ; repassez la soie, tricotez-en une ; perle un; avancez la soie, tricotez-en une, par laquelle vous faites un point de boucle ; — répétez cela cinq fois, ce qui, avec le point de boucle, fera treize du dernier point perlé. Recommencer le motif comme au début du tour.

Troisième tour : perle 1 ; tricotez-en un; perle un; glissez-en un; tricotez-en un, passez le point coulé dessus ; tricoter neuf ; tricoter deux ensemble.— Répéter jusqu'à la fin du tour.

Quatrième tour — identique au troisième, sauf qu'il n'y aura que sept mailles simples à tricoter.

Cinquième tour — identique au troisième, avec seulement cinq points simples.

Il y aura maintenant le même nombre de points sur les aiguilles qu'au début, à savoir sept pour la partie coquille du motif et trois pour la division.

Tricoter un tour uni, sauf sur les trois mailles de division qui sont à tricoter comme avant.

Recommencer comme au deuxième tour. Lorsque les poignets sont suffisamment longs, tricotez un tour uni pour correspondre au début.

La plus jolie manière de tricoter ces manchettes sera de tricoter le premier motif en cerise ; les cinq suivants en blanc ; les cinq suivants, alternativement cerise et blanc ; puis cinq en blanc ; et terminez par un en cerise.

Poignets doubles tricotés.

Ces poignets sont les plus jolis en laine allemande simple ; deux couleurs sont nécessaires, disons bordeaux et blanc. Ils prendront seize écheveaux de laine blanche et huit de bordeaux. Non. 13 aiguilles.

Montez quarante-six mailles en bordeaux, perlez quatre rangs. Perle blanche à une rangée; dans le suivant, avancez la laine, tricotez-en deux ensemble : répétez ces deux rangs de blanc deux fois, ce qui fait en tout six rangs. Les quatre rangs de bordeaux en tricot de perles et les six rangs de blanc doivent maintenant être répétés alternativement jusqu'à ce que six rayures de chacun soient tricotées. Alors,-

Relevez soixante-dix mailles bordeaux, sur le côté droit, à l'une des extrémités les plus étroites, et perlez un rang. Répétez les six rangs de blanc, en terminant par les quatre rangs de bordeaux, et rabattez.

Répétez la même chose à l'autre extrémité du revers, en faisant attention que le tricot du volant soit sur l'envers.

Cousez les poignets et doublez-les, de manière à permettre au volant, à une extrémité, d'apparaître au-dessus de celui de l'autre.

Une Brioche [A].

Le point de tricot *Brioche* est simple : avancez la laine, glissez-en une ; tricotez-en deux ensemble.

Une brioche est formée de seize bandes droites étroites et de seize bandes larges, ces dernières diminuant progressivement en largeur vers le haut ou le centre du coussin. Il peut être fabriqué en laine polaire à trois fils ou en double laine allemande, avec des épingles en ivoire ou en bois, n° 8.

Monter quatre-vingt-dix points, en noir, pour la rayure étroite ; tricoter deux tours ; puis trois tours en couleur or , et encore deux tours en noir. Ceci complète la bande étroite.

La rayure conique se tricote ainsi : avancez la laine, tricotez-en deux ensemble, deux fois, et tournez ; tricotez ces deux-là, et deux autres en noir et tournez ; continuez ainsi, en prenant chaque fois deux points supplémentaires du noir, jusqu'à ce qu'ils soient à moins de deux points du haut, et tournez ; la laine sera maintenant au bas ou dans la partie large de la rayure. Recommencez par le noir, comme dans l'ancienne rayure étroite, en tricotant les deux mailles noires du haut. Il peut être aussi judicieux de diminuer les rayures étroites en tournant à moins de deux mailles du haut, dans la rangée centrale de couleur or .

Par *tour* , on entend une rangée et vice-versa.

Les couleurs des rayures coniques peuvent être de deux ou quatre couleurs , qui s'agencent bien ensemble ; ou chacun peut être différent. Lorsque la dernière rayure conique est terminée, elle doit être tricotée à la première rayure étroite. — La brioche doit être constituée d'un fond rigide de planche de moulin, d'environ huit pouces de diamètre, recouvert de tissu. Le dessus est assemblé et fixé au centre avec une touffe de laine douce, ou un cordon et des pompons. Il doit être rembourré de duvet ou de laine finement peignée.

[A] Ainsi appelé en raison de sa ressemblance, dans sa forme, avec le gâteau français bien connu de ce nom.

Tricot à motif de franges.

Montez n'importe quel nombre pair de points, en laine allemande—No. 10 aiguilles.

Tournez la laine autour de l'aiguille en la ramenant devant ; tricoter deux ensemble, pris devant.

Chaque ligne est la même.

Une casquette d'opéra.

Aiguilles n° 10 : laine allemande double ou laine à trois fils.

Montez quatre-vingts points, blancs.

Perle une rangée,
Tricoter un rang, | blanc .

Perle une rangée,— colorée . Dans la rangée suivante,—

Amenez la laine devant l'aiguille et tricotez deux mailles ensemble.

Perle une rangée,
Tricoter un rang, | blanc .

Perle une rangée,
Tricoter un rang, | blanc .

Ce qui précède forme la frontière.

Première division — colorée .

Perle un rang.

Tricoter un rang en diminuant une maille à chaque extrémité.

Tricoter un rang.

Tricoter un rang fantaisie, en avançant la laine, et en tricotant deux mailles ensemble.

Deuxièmement : le blanc.

Perlez un rang en diminuant une maille à chaque extrémité.

Tricoter un rang en diminuant deux mailles à chaque extrémité.

Tricoter un rang en diminuant une maille à chaque extrémité.

Tricoter un rang fantaisie comme avant.

Troisièmement — coloré .

Perlez un rang en diminuant une maille à chaque extrémité.

Tricoter un rang en diminuant une maille à chaque extrémité.

Tricoter un rang, *sans* diminuer.

Tricoter le rang fantaisie comme avant.

Quatrième , *Cinquième* , *Sixième* , *Septième* —

La troisième division est à répéter, alternativement avec de la laine blanche et colorée .

Huitièmement : blanc. *Neuvième* — coloré .

Dans ces deux dernières divisions, deux mailles seulement sont à diminuer dans chacune ; cela doit être fait dans le rang après la perle, en diminuant un point à chaque extrémité.

NB Il doit rester quarante-six mailles sur l'aiguille au dernier rang.

Relevez trente mailles de chaque côté, et réalisez les bordures sur les côtés et à l'arrière comme celle devant.

Confectionnez le bonnet en tournant la bordure au rang fantaisie, et ourlez-le tout autour : il sera noué derrière et sous le menton, avec des rubans ou de la laine tressée, avec des pompons de même.

Un Sontag, ou Céphaline

La bordure de ce bonnet est travaillée de la même manière que la précédente, en faisant cent deux points ; en une seule laine allemande ; 15 aiguilles.

Tricoter un rang en blanc, pour amener la perle sur l'endroit. Alors,-

Avec la teinte la plus foncée, passez la laine autour de l'aiguille, perlez-en deux ensemble ; perle un.—Répétez jusqu'à la fin de la rangée.

Au rang suivant, avancez la laine, tricotez-en deux ensemble ; tricoter un.— Répéter jusqu'à la fin du rang.

Tricoter quarante-deux rangs de la même manière, en prenant une maille à la fin de presque chaque rang, de sorte que le nombre de mailles du dernier rang soit réduit à soixante-douze, en prenant soin de garder le motif régulier et en changeant le coloriez tous les deux rangs.

Relevez quarante mailles, de chaque côté, et tricotez un rang de blanc autour des trois côtés : tricotez un autre rang pour faire la perle, et terminez la bordure avec de la laine blanche et colorée , comme dans le bonnet précédent. Terminez avec des rubans, ou des cordons et des pompons.

La bordure est tricotée en blanc et la nuance médiane de la couleur utilisée dans le couvre-chef. C'est le plus joli dans cinq nuances distinctes de n'importe quelle couleur , avec une ou deux rangées de blanc entre chaque division de nuance.

Un bonnet.

Monter quatre-vingt-dix points, en laine allemande brun poil, pour la bordure.—No. 16 aiguilles.

Premier, deuxième et troisième rangs : tricot uni.

Quatrième rang : avancez la laine, tricotez-en deux ensemble. Alors,-

Commencez par une autre couleur , par exemple le blanc.

Cinquième, sixième et septième rangs : tricot uni.

Huitième rang : avancez la laine, tricotez-en deux ensemble.

Répétez sept fois ces quatre derniers rangs : puis la bordure marron comme avant. Ils forment une bande d'environ quatre pouces de large, qui doit être tendue aux deux extrémités, et des ficelles attachées pour l'attacher près du menton.

Ensuite, montez quarante mailles et commencez une autre bande avec la bordure marron comme ci-dessus, trois rangs du motif en blanc, et répétez la bordure marron. Celui-ci doit être cousu ou tricoté sur la tête et forme la bande pour le dos. On y passera un ruban pour l'attacher près de la tête.

Double tricot pour couettes, etc.

Des aiguilles de grande taille, n°1, et laineuses à quatre fils, seront nécessaires.

Montez n'importe quel nombre pair de points.

Premier rang : avancez la laine, glissez-en une ; repassez la laine, tricotez-en une en tournant la laine deux fois autour de l'aiguille. — Répétez jusqu'à la fin du rang.

Chaque rang suivant est le même. — Le point tricoté dans un rang est le point coulé du suivant.

Dentelle tricotée.

Montez douze points avec du coton ou du fil très fin.—Non. 25 aiguilles.

Première rangée : glissez-en une ; tricotez-en deux; perle un; tricotez-en deux ensemble; tourner le fil une fois autour de l'aiguille, tricoter deux fois ; perle un; tricotez-en un; tourner le fil une fois autour de l'aiguille, tricoter deux tricots réunis à l'arrière.

Deuxième rangée : glissez-en une ; tricotez-en un; tourner le fil deux fois autour de l'aiguille, tricoter deux fois ; perlez-en deux ensemble ; tourner le fil une fois autour de l'aiguille, en tricoter un ; perlez-en deux ensemble ; tournez le fil deux fois autour de l'aiguille, perlez-en deux ensemble ; tricotez-en un.

Troisième rangée : glissez-en une ; tricotez-en deux; perle un; tricotez-en deux; tourner le fil une fois autour de l'aiguille, en tricoter deux ensemble, pris par l'arrière ; tricotez-en un; tricotez-en deux ensemble; tricotez-en trois.

Quatrième rangée : glissez-en une ; tourner le fil une fois autour de l'aiguille ; perle un; tricotez-en deux ensemble; tourner le fil une fois autour de l'aiguille, tricoter quatre ; perlez-en deux ensemble ; tournez le fil deux fois autour de l'aiguille, perlez-en deux ensemble ; tricotez-en un.

Cinquième rangée : glissez-en une ; tricotez-en deux; perle un; tricotez-en deux; tricotez-en deux ensemble; tourner le fil deux fois autour de l'aiguille, tricoter trois ; perlez-en deux ensemble ; tricotez-en un.

Sixième rangée : glissez-en une ; tricotez-en un, passez le point coulé dessus ; glissez-en un; tricotez-en un, passez le point coulé dessus ; glissez-en un; tricotez-en un, passez le point coulé dessus ; glissez-en un; tricotez-en deux; tourner le fil une fois autour de l'aiguille, en perler deux ensemble ; tourner le fil une fois autour de l'aiguille, en perler deux ensemble ; tricotez-en un; tournez le fil deux fois autour de l'aiguille, perlez-en deux ensemble ; tricotez-en un.

Il devrait maintenant y avoir douze mailles sur l'aiguille comme au début.— Répétez à partir du premier rang.

Insertion tricotée.

Monter neuf mailles en coton fin ; Aiguilles n°23.

Glissez-en un ; tricotez-en deux; avancez le coton, tricotez-en deux ensemble ; tricotez-en un; avancez le coton, tricotez-en deux ensemble ; perle un.—Répétez.

Cela peut être utilisé pour couper des rideaux de mousseline, etc.

Garniture corail pour une robe en mousseline.

Monter deux mailles.—Non. 2 aiguilles, plutôt courtes.

Tournez la laine autour de l'aiguille, de manière à la ramener devant ; tricoter les deux mailles ensemble devant.

Chaque ligne est la même.

Point d'orge et de maïs.

Montez n'importe quel nombre impair de points, avec de la laine Zephyr à huit fils ou de la laine allemande double et des aiguilles n° 2.

Glissez la première maille en gardant la laine devant l'aiguille ; tournez la laine autour de l'aiguille, de manière à la ramener devant ; tricoter deux ensemble, pris devant. Continuez à tourner la laine autour de l'aiguille et à en tricoter deux ensemble jusqu'à la fin du rang. Toutes les lignes sont identiques.

Les deux points qui doivent être pris ensemble apparaissent toujours comme liés ensemble.

Un Manchon, aux couleurs de Sable.

Montez soixante-dix ou quatre-vingts points.

Premier, deuxième et troisième rangs : tricot uni.

Quatrième rang — faire avancer la laine, en tricoter deux ensemble, prises par l'arrière. — Répéter jusqu'à la fin du rang.

Répétez ces quatre rangées jusqu'à ce que la pièce mesure environ dix-huit pouces de long, en admettant que l'ombrage soit correct.

Deux aiguilles n°8 sont nécessaires et une double laine allemande, en quatre nuances distinctes pour correspondre à la couleur de la zibeline. Commencez par la teinte la plus claire, puis la deuxième, la troisième et la plus foncée, en les inversant de nouveau vers la plus claire.

Un autre manchon.

Montez quarante-cinq points de suture.—Non. 8 aiguilles.

Chaque rang se tricote de la même manière, avec un point coulé au début : tricotez-en un ; perle un.—Répétez jusqu'à la fin de la rangée.

Il faudra un morceau d'environ vingt pouces de long pour faire un manchon de grandeur moyenne, qui sera doublé de gros de Naples ; et bourré de laine et d'une quantité suffisante de crin de cheval pour le conserver en forme. Des cordons et des pompons assortis à la couleur du manchon peuvent être cousus aux extrémités ; ou il peut être dessiné avec des rubans.

Point fermé pour un gilet, etc.

À tricoter en deux couleurs , disons bordeaux et bleu.—Non. 18 aiguilles. Laine allemande.

Premier rang — avec bordeaux, — tricotez-en un ; glissez-en un.—Répétez jusqu'à la fin de la rangée.

Deuxième rangée — avec bordeaux, — tricotez-en une ; avancez la laine, glissez-en une ; repassez la laine, tricotez-en une.—Répétez jusqu'à la fin du rang.

Troisième rangée — avec bordeaux, — glissez-en une ; tricoter un.—Répéter jusqu'à la fin du rang.

Quatrième rang — avec bordeaux, — avancez la laine, glissez-en une ; repasser la laine, tricoter. one—Répéter jusqu'à la fin du rang.

Cinquième et sixième rangées — identiques aux première et deuxième — en bleu.

Recommencez comme au premier rang.

Manches longues à porter sous la robe.

Aiguilles n°17 et laine à broder à six fils.

Montez quarante-deux mailles très lâches, et alternativement tricotez et perlez trois mailles pendant douze tours.

Tricoter dix tours en plaine.

Tricoter trente-cinq tours simples, en augmentant d'un point au début et à la fin de chaque tour.

Tricoter vingt tours en plaine, en augmentant d'un point tous les deux tours.

Répétez les douze tours comme au début.

LES DOUZE MOTIFS SUIVANTS SONT DESTINÉS AUX SERVIETTES D'OYLEYS, RANGEMENTS, POISSON OU PANIER ; ILS DOIVENT ÊTRE TRAVAILLÉS AVEC NO. 14 COTON À TRICOTER, ET NON. 19 AIGUILLES.—ELLES PEUVENT AUSSI ÊTRE ADAPTÉES, AVEC UN CHANGEMENT DE MATIÈRE, POUR LES CHÂLES, COUVERTURES, SACS ET BEAUCOUP D'AUTRES ARTICLES.

I.
Modèle de feuille et de treillis.

Montez n'importe quel nombre de points qui peuvent être divisés par vingt, vingt points formant chaque motif.

Premier rang : tricot de perles.

Deuxième rangée : tricotez cinq ; (a) avancez le fil, tricotez deux ensemble, trois fois ; avancez le fil, tricotez-en deux ; tricotez-en deux ensemble; tricoter dix.—répéter à partir de (a).

Troisième rangée : tricot de perles.

Quatrième rang : tricotez six ; (b) avancez le fil, tricotez deux ensemble, trois fois ; avancez le fil, tricotez-en deux ; tricotez-en deux ensemble; tricotez-en cinq; tricotez-en deux ensemble; tricotez-en deux; faites avancer le fil, tricotez-en un.—Répétez à partir de (b).

Cinquième rangée : tricot de perles.

Sixième rang : tricotez sept ; (c) avancez le fil, tricotez-en deux ensemble, trois fois ; avancez le fil, tricotez-en deux ; tricotez-en deux ensemble; tricotez-en trois; tricotez-en deux ensemble; tricotez-en deux; faites avancer le fil, tricotez-en trois.—Répétez à partir de (c).

Septième rangée : tricot de perles.

Huitième rang : tricoter huit ; (d) faire avancer le fil, tricoter deux ensemble, trois fois ; avancez le fil, tricotez-en deux ; tricotez-en deux ensemble; tricotez-en un; tricotez-en deux ensemble; tricotez-en deux; faites avancer le fil, tricotez-en cinq.—Répétez à partir de (d).

Neuvième rangée : tricot de perles.

Dixième rang : tricoter neuf ; (e) faire avancer le fil, tricoter deux ensemble, trois fois ; avancez le fil, tricotez-en deux ; glissez-en un; tricotez-en deux ensemble, passez dessus la maille glissée ; tricotez-en deux; faites avancer le fil, tricotez-en sept.—Répétez à partir de (e).

Onzième rangée : tricot de perles.

Douzième rang —(f) tricoter cinq ; tricotez-en deux ensemble; tricotez-en deux; avancer le fil, tricoter deux ensemble, trois fois ; avancez le fil, tricotez-en un ; avancez le fil, tricotez-en deux ; tricoter deux ensemble.—Répéter à partir de (f).

Treizième rangée : tricot de perles.

Quatorzième rang : tricoter quatre ; (g) tricoter deux ensemble ; tricotez-en deux; avancer le fil, tricoter deux ensemble, trois fois ; avancez le fil, tricotez-en trois ; avancez le fil, tricotez-en deux ; tricotez-en deux ensemble; tricoter trois.—Répéter à partir de (g).

Quinzième rang : tricot de perles.

Seizième rang : tricoter trois ; (h) tricoter deux ensemble ; tricotez-en deux; avancer le fil, tricoter deux ensemble, trois fois ; avancez le fil, tricotez-en cinq ; avancez le fil, tricotez-en deux ; tricotez-en deux ensemble; tricoter un.—Répéter à partir de (h).

Dix-septième rang : tricot de perles.

Dix-huitième rang : tricotez deux ; tricoter deux ensemble ;(i) tricoter deux ; avancer le fil, tricoter deux ensemble, trois fois ; avancez le fil, tricotez-en sept ; avancez le fil, tricotez-en deux ; glissez-en un; tricotez-en deux ensemble, passez le point glissé dessus.—Répétez à partir de (i).

Dix-neuvième rangée : tricot de perles.

Vingtième rang — Recommencez comme au quatrième rang.

<h2 style="text-align:center">II .
Modèle de feuille de rose.</h2>

Ce motif peut être travaillé avec n'importe quel nombre de points qui peuvent être divisés par dix, en ajoutant trois points, un pour la symétrie du motif et deux pour les bordures.

NB La fin de chaque ligne doit être exactement la même (inversée) que le début.

Montez quarante-trois mailles; perle une rangée.

Première rangée : tricotez-en une ; (a) une perle ; tricotez-en deux ensemble; tricotez-en deux; avancez le fil, tricotez-en un ; avancez le fil, tricotez-en deux ; tricoter deux ensemble.—Répéter à partir de (a).

Deuxième rangée : tricotez-en un ; (b) tricotez-en un ; perlez-en deux ensemble ; perle un; avancez le fil en le tournant autour de l'aiguille, perlez trois ; tournez le fil autour de l'aiguille, perlez-en une; perlez deux ensemble.—répétez à partir de (b).

Troisième rangée : tricotez-en une ; (c) une perle ; tricotez-en deux ensemble; avancez le fil, tricotez-en cinq ; faites avancer le fil, tricotez-en deux ensemble.—Répétez à partir de (c).

Quatrième rang : tricotez-en un ; perlez deux ensemble ; (d) avancez le fil en le tournant autour de l'aiguille, perlez sept ; avancez le fil, tournez-le autour de l'aiguille, perlez-en trois ensemble.—Répétez à partir de (d).

Cinquième rang : tricotez deux ; avancez le fil, tricotez-en deux ; tricotez-en deux ensemble; répéter, comme au premier rang, à partir de (a).

Sixième rang : tricotez-en un ; perle deux ; avancez le fil en le tournant autour de l'aiguille, perlez-en une ; perlez-en deux ensemble ; répéter, comme dans la deuxième rangée, à partir de (b).

Septième rang : tricotez quatre ; avancez le fil, tricotez-en deux ensemble ; répéter, comme au troisième rang, à partir de (c).

Huitième rang : tricotez-en un ; perle quatre; avancez le fil, tournez-le autour de l'aiguille, perlez-en trois ensemble ; répéter, comme dans la quatrième rangée, à partir de (d).

Neuvième rang — Recommencer , comme au premier rang.

III .
Modèle de points.

Montez six mailles pour chaque motif et deux pour le bord.

Première rangée : tricoter deux ; (a) tricoter deux ensemble ; avancez le fil, tricotez-en un ; avancez le fil, tricotez-en deux ensemble ; tricoter un.—répéter à partir de (a).

Deuxième rangée : tricot uni.

Troisième rangée : tricotez deux ensemble ; tricotez-en un ;(b) avancez le fil, tricotez-en trois ; faites avancer le fil, tricotez-en trois ensemble.—Répétez à partir de (b).—A la fin de ce rang, tricotez en uni les deux dernières mailles.

Quatrième rang : tricot uni.

Cinquième rang : tricoter deux ; (c) faire avancer le fil, tricoter deux ensemble ; tricotez-en un; tricotez-en deux ensemble; faites avancer le fil, tricotez-en un.—Répétez à partir de (c).

Sixième rang : tricot uni.

Septième rang : tricotez trois ; avancez le fil, tricotez-en trois ensemble ; faire avancer le fil.—Répéter.—A la fin de ce rang, faire avancer le fil, tricoter deux.

Huitième rang : tricot uni.

IV .
Modèle gothique.

Montez n'importe quel nombre de points qui peuvent être divisés par dix. — Tricoter quatre rangs simples.

Cinquième rang : tricotez-en un ; avancez le fil, tricotez-en trois ;(a) glissez-en un ; tricotez-en deux ensemble, passez dessus la maille glissée ; tricotez-en trois; avancez le fil, tricotez-en un ; faites avancer le fil, tricotez-en trois.—Répétez à partir de (a).

Sixième rangée : tricot de perles.

Répétez les cinquième et sixième rangées trois fois et recommencez avec les quatre rangées simples.

V.
Modèle écossais.

Montez sept mailles pour chaque motif.

Premier rang : tricotez deux ; tricotez-en deux ensemble; avancez le fil, tricotez-en un ; faites avancer le fil, tricotez-en deux ensemble.—Répétez.

Deuxième rangée : tricot uni.

Troisième rangée : tricotez-en un ; (a) tricotez-en deux ensemble ; avancez le fil, tricotez-en trois ; faites avancer le fil, tricotez-en deux ensemble.—Répétez à partir de (a).

Quatrième rang : tricot uni.

Cinquième rang : tricotez deux ; avancez le fil, tricotez-en deux ensemble ; tricotez-en un; tricotez-en deux ensemble; faire avancer le fil.—Répéter.

Sixième rang : tricot uni.

Septième rang : tricotez deux ; avancez le fil, tricotez-en deux ensemble ; tricotez-en un; tricotez-en deux ensemble; faire avancer le fil.—Répéter.

Huitième rang : tricot uni.

Neuvième rang : tricotez deux ; avancez le fil, tricotez-en deux ensemble ; tricotez-en un; tricotez-en deux ensemble; faire avancer le fil.—Répéter.

Dixième rang : tricot uni.

Onzième rang : tricotez trois ; avancez le fil, tricotez-en trois ensemble ; avancez le fil, tricotez-en un.—Répétez.

Douzième rang : tricot uni.

Treizième rang : tricotez trois ; tricotez-en deux ensemble; faites avancer le fil, tricotez-en trois.—Répétez.

Quatorzième rang : tricot uni.

Recommencez comme au premier rang.

VI.
Modèle à chevrons.

Montez n'importe quel nombre de points qui peuvent être divisés par huit.

Premier rang : tricot de perles.

Deuxième rangée : tricotez deux ensemble ; tricotez-en trois; faites avancer le fil, tricotez-en trois.—Répétez.

Répétez ces deux rangées deux fois, en faisant les six rangées.

Le motif, comme ci-dessus, tourne vers la gauche ; dans les six rangs suivants, il doit tourner vers la droite ; cela doit être fait en avançant le fil avant la maille ouverte du rang précédent.

Recommencer comme au premier rang en tricotant alternativement six rangs avec le motif à gauche et six rangs avec le motif à droite.

VII.
Modèle Vandyke.

Montez n'importe quel nombre de points qui peuvent être divisés par dix.

Premier rang : tricot de perles.

Deuxième rangée : tricot uni.

Troisième rangée : tricot de perles.

Quatrième rang : avancez le fil, tricotez-en deux ; tricotez-en deux ensemble; perle un; tricotez-en deux ensemble; tricotez-en deux; avancez le fil, tricotez-en un.—Répétez.

Recommencez comme au premier rang.

VIII .
Modèle de dentelle.

Montez n'importe quel nombre de points qui peuvent être divisés par six.

Premier rang : tricotez-en un ; tricotez-en deux ensemble; avancez le fil, tricotez-en un ; faites avancer le fil, tricotez-en deux ensemble.—Répétez.

Deuxième rangée : tricot de perles.

Répétez les deux premières rangées quatre fois, ce qui fait un total de dix rangées.

Onzième rang : tricotez deux ensemble ; (a) avancez le fil, tricotez trois ; avancer le fil, tricoter trois en un (en glissant la première maille, en tricotant la seconde et en passant la maille coulée par-dessus celle tricotée; puis en passant la dernière maille de l'aiguille droite sur l'aiguille gauche, et glisser le deuxième point sur le premier et repasser le point sur l'aiguille de droite).— Répétez à partir de (a).

Douzième rangée : tricot de perles.

Treizième rang : tricotez-en un ; avancez le fil, tricotez-en deux ensemble ; tricotez-en un; tricotez-en deux ensemble; faire avancer le fil.—Répéter.— Terminer ce rang en avançant le fil et en tricotant deux ensemble, pour éviter qu'il ne diminue.

Quatorzième rang : tricot de perles.

Répétez les deux dernières rangées quatre fois.

Vingt-troisième rang : tricoter deux ;(b) avancer le fil, tricoter trois en un (comme avant) ; faites avancer le fil, tricotez-en trois.—Répétez à partir de (b).

Recommencez comme au premier rang.

IX .
Motif en arête de poisson.

Montez n'importe quel nombre impair de points.

Première rangée — Glissez-en un ; en tricoter un;(a) avancer le fil, en glisser un en le prenant devant; tricotez-en un, passez le point coulé dessus ; tricoter deux.—Répéter à partir de (a).—Il y aura trois mailles simples à tricoter à la fin du rang.

Deuxième rangée — Glissez-en un ; (b) tournez le fil autour de l'aiguille et ramenez-le devant ; perlez-en deux ensemble ; perle deux.—répétez à partir de (b).

X.
Modèle allemand.

Montez vingt et un points pour chaque motif.

Premier rang : tricot de perles.

Deuxième rangée : tricotez deux ensemble ; tricotez-en trois; tricotez-en deux ensemble; tricotez-en un; avancez le fil, tricotez-en un ; avancez le fil, tricotez-en un ; tricotez-en deux ensemble; tricotez-en trois; tricotez-en deux ensemble; tricotez-en un; avancez le fil, tricotez-en un ; avancez le fil, tricotez-en deux.—Répétez.

Troisième rangée : tricot de perles.

Quatrième rang : tricotez deux ensemble ; tricotez-en un; tricotez-en deux ensemble; tricotez-en un; avancez le fil, tricotez-en trois ; avancez le fil, tricotez-en un ; tricotez-en deux ensemble; tricotez-en un; tricotez-en deux ensemble; tricotez-en un; avancez le fil, tricotez-en trois ; avancez le fil, tricotez-en deux.—Répétez.

Cinquième rangée : tricot de perles.

Sixième rangée : glissez-en une ; tricotez-en deux ensemble, passez le point coulé dessus; tricotez-en un; avancez le fil, tricotez-en cinq ; avancez le fil, tricotez-en un ; glissez-en un; tricotez-en deux ensemble, passez le point coulé dessus; tricotez-en un; avancez le fil, tricotez-en cinq ; avancez le fil, tricotez-en deux.—Répétez.

Septième rangée : tricot de perles.

Huitième rang : tricotez deux ; avancez le fil, tricotez-en un ; avancez le fil, tricotez-en un ; tricotez-en deux ensemble; tricotez-en trois; tricotez-en deux ensemble; tricotez-en un; avancez le fil, tricotez-en un ; avancez le fil, tricotez-en un ; tricotez-en deux ensemble; tricotez-en trois; tricotez-en deux ensemble – Répétez.

Neuvième rangée : tricot de perles.

Dixième rang : tricotez deux ; avancez le fil, tricotez-en trois ; avancez le fil, tricotez-en un ; tricotez-en deux ensemble; tricotez-en un; tricotez-en deux ensemble; tricotez-en un; avancez le fil, tricotez-en trois ; avancez le fil, tricotez-en un ; tricotez-en deux ensemble; tricotez-en un; tricoter deux ensemble.—Répéter.

Onzième rangée : tricot de perles.

Douzième rang : tricotez deux ; avancez le fil, tricotez-en cinq ; avancez le fil, tricotez-en un ; glissez-en un; tricotez-en deux ensemble, passez le point coulé dessus; tricotez-en un; avancez le fil, tricotez-en cinq ; avancez le fil, tricotez-en un ; glissez-en un; tricotez-en deux ensemble, passez le point coulé dessus.—Répétez.

Recommencez comme au premier rang.

XI .
Modèle de diamant.

Montez huit mailles pour chaque motif.

Premier rang : avancez le fil, tricotez-en un ; avancez le fil, tricotez-en deux ensemble ; tricotez-en trois; tricoter deux ensemble.—Répéter.

Deuxième rangée : tricot de perles.

Troisième rang : avancez le fil, tricotez-en trois ; avancez le fil, tricotez-en deux ensemble ; tricotez-en un; tricoter deux ensemble.—Répéter.

Quatrième rangée : tricot de perles.

Cinquième rang : avancez le fil, tricotez-en cinq ; avancez le fil, glissez-en un ; tricotez-en deux ensemble, passez le point coulé dessus.—Répétez.

Sixième rangée : tricot de perles.

Septième rang : tricotez deux ensemble ; tricotez-en trois; tricotez-en deux ensemble; avancez le fil, tricotez-en un ; faire avancer le fil.—Répéter.

Huitième rangée : tricot de perles.

Neuvième rang : tricotez deux ensemble ; tricotez-en un; tricotez-en deux ensemble; avancez le fil, tricotez-en trois ; faire avancer le fil.—Répéter.

Dixième rang : tricot de perles.

Onzième rang : avancez le fil, tricotez-en trois ; avancez le fil, tricotez-en deux ensemble ; tricotez-en un; tricoter deux ensemble.—Répéter.

Recommencez à partir de la quatrième rangée.

XII .
Modèle de coquille.

Montez vingt-cinq mailles pour chaque motif.

Premier rang : tricotez deux ensemble, quatre fois ; avancez le fil, tricotez-en un, huit fois ; tricotez-en deux ensemble, quatre fois; perle un.—Répétez.

Deuxième rangée : tricot de perles.

Troisième rangée : tricot uni.

Quatrième rangée : tricot de perles.

Recommencez comme au premier rang.

Tricotage de câbles.

Montez n'importe quel nombre de points pouvant être divisés par six, en laine allemande - No. 18 aiguilles.

Premier rang : tricot de perles.

Deuxième rangée : tricot uni.

Troisième rangée : tricot de perles.

Quatrième rang : tricot uni.

Cinquième rangée : tricot de perles.

Sixième rang : tricot uni.

Septième rangée : tricot de perles.

Huitième rangée — Glissez trois mailles sur une troisième aiguille, en gardant toujours cette aiguille devant ; tricoter les trois mailles suivantes; puis tricotez les trois mailles glissées sur la troisième aiguille ; reprenez la troisième aiguille et glissez-y encore trois mailles en la gardant comme avant devant, et tricotez les trois mailles suivantes ; puis tricotez les trois mailles glissées sur la troisième aiguille ; continuez de la même manière jusqu'à la fin du rang.

Recommencez comme au premier rang.

Un sac à main.

Montez cent points de suture.—Non. 20 aiguilles.

Première rangée : glissez-en une ; tricotez-en un, passez le point coulé dessus ; avancez la soie, tricotez-en une ; faites avancer la soie, perle une.—Répétez jusqu'à la fin du rang.

Chaque ligne suivante est la même.

Trois écheveaux de soie à gros filet sont nécessaires. Il forme une solide bourse pour homme.

Joli point pour un sac à main.

Montez n'importe quel nombre pair de points, avec un filet de soie de taille moyenne.—Non. 22 aiguilles.

Premier rang : tricot uni.

Deuxième rang — tricoter deux ensemble. — Les premier et dernier points de ce rang doivent être tricotés unis.

Troisième rang : faites-en un entre chaque maille, en reprenant la soie entre les mailles du rang précédent, sauf entre les deux dernières mailles.

Quatrième rang : tricot uni.

Cinquième rangée : tricot de perles.

Répétez à partir de la deuxième rangée.

Un pichet à pence, ou un sac à main.

Cinq aiguilles, n° 20, en laine allemande bordeaux et verte.

Commencez par le *manche* ; en montant quatre points en bordeaux et en tricotant en rangs simples, d'avant en arrière, jusqu'à ce qu'il atteigne deux pouces de long.

Monter six mailles sur la même aiguille, vingt-six sur la deuxième et dix sur la troisième : alors :

Tricoter à partir de la première aiguille, tricoter deux ; perle deux ; alternativement.

Avec la deuxième aiguille, perlez deux ; tricotez-en deux; perle deux ; repassez la laine, glissez-en une ; tricotez-en un, passez le point coulé dessus

; tricoter les mailles restantes en plaine, à moins de sept de la fin ; puis, tricotez-en deux ensemble ; tricotez-en un; perle deux ; tricotez-en deux.

Sur l'aiguille suivante, perle deux ; tricotez-en deux; alternativement, en répétant trois tours, jusqu'à ce qu'il ne reste que douze points sur la deuxième aiguille qui termine le *bec*.

Tricoter trois tours, tous les deux points, alternativement perlé et uni.

Tricoter cinq tours – vert	
Tricoter trois tours – bordeaux	tous les deux points alternativement perlés et unis.
Tricoter cinq tours – vert	

Tricoter un tour uni et trois tours perlés, en bordeaux.

Tricoter un tour uni en faisant avancer la laine toutes les deux mailles.

Perle trois tours. Tricoter un tour uni. Dans les deux tours suivants, avancez la laine, tricotez-en deux ensemble. Alors,-

Tricoter un tour uni en bordeaux ; perle trois tours; tricoter un tour uni; dans les deux tours suivants, avancez la laine et tricotez-en deux ensemble ; tricoter un tour uni; perle trois tours. Divisez les mailles sur les quatre aiguilles, douze sur chacune. Alors,-

En jersey uni, tricoter cinq tours en diminuant un alternativement, à chaque extrémité et au milieu de l'aiguille. Tricoter trois tours supplémentaires en diminuant de temps en temps.

Divisez les mailles sur trois aiguilles; tricoter un tour uni et perler trois tours sans diminuer ; terminer par des tours unis, en diminuant jusqu'à ce qu'il ne reste plus que quatre mailles sur chaque aiguille. Dessinez la petite ouverture et fixez l'extrémité inférieure de la poignée sur le côté de la verseuse.

Il peut également être travaillé en soie.

Un sac à main solide.

Montez n'importe quel nombre de points qui peuvent être divisés par trois.— Non. 22 aiguilles.

Premier rang : avancez la laine, glissez-en une ; tricotez-en deux, passez le point coulé dessus.—Répétez jusqu'à la fin du rang.

Deuxième rangée : tricot uni.

Troisième rang : tricotez deux tricots avant de commencer le motif, afin que les trous puissent venir dans une direction diagonale.

Quatrième et cinquième rangées – identiques aux deuxième et troisième.

Sixième rangée : identique à la première.

Ce sac à main prendra cinq écheveaux de soie de deuxième taille. Cela nécessite notamment des étirements.

Un joli point ouvert pour un sac à main.

Il faudra quatre écheveaux de soie fine pour bourse et quatre aiguilles n° 23.

Montez vingt mailles sur chacune des trois aiguilles.

Premier tour : tricot uni.

Deuxième tour : avancez la soie, tricotez-en deux ensemble.

Répétez les deux tours ci-dessus quatre fois.

Onzième tour — tricot simple. — Passer le dernier point de ce tour, une fois tricoté, sur l'aiguille suivante.

Douzième tour — commencez par en tricoter deux ensemble, avant d'avancer la soie ; — ce changement fait prendre au motif une sorte de forme de vandyke . Passez la dernière maille de chaque aiguille de ce tour sur l'aiguille suivante.

Répétez quatre fois les deux derniers tours ; — recommencez comme au premier tour, en travaillant alternativement les dix tours de chaque motif, jusqu'à ce que l'ouverture de la bourse soit requise ; celui-ci est à tricoter en rangs en allers et retours, comme les dix premiers tours, afin de garder les bords uniformes. L'autre extrémité doit alors être réalisée comme la première.

Sac à main à point ouvert avec perles.

Une torsion de sac à main de deuxième taille et des aiguilles n° 20 sont nécessaires.

Monter soixante points en filet de soie.

Premier rang : tricotez-en un ; avancez la soie, tricotez-en deux ensemble ; avancer la soie, passer une perle en la plaçant derrière l'aiguille ; tricoter deux ensemble.— Continuer de la même manière jusqu'à la fin du rang, en plaçant une perle tous les deux motifs.

Deuxième rangée : identique à la première, sans perles.

Troisième rangée : tricotez-en une ; avancer la soie, passer une perle ; puis, continuez comme au premier rang.

Un sac à main en soie fine.

Montez trois mailles, pour chaque motif.—No. 23 aiguilles.

Premier rang : avancez la soie, tricotez-en deux ensemble ; tricoter un.— Répéter.

Deuxième rangée : avancez la soie, perlez-en deux ensemble ; perle un.— Répétez.

Chevrons, ou point Shetland pour un sac à main.

Montez n'importe quel nombre de points qui peuvent être divisés par quatre.—Non. 20 aiguilles. Environ quatre-vingts points de suture seront nécessaires.

Premier rang : avancez la soie, glissez-en une ; tricotez-en un, passez le point coulé dessus ; tricotez-en un; faites avancer la soie, perle une.—Répétez jusqu'à la fin du rang.

Chaque ligne est la même.

Trois écheveaux de soie de deuxième taille seront nécessaires.

LES CINQ MOTIFS SUIVANTS SERONT TRÈS JOLIS POUR LES SACS ;—ILS DEVRAIENT ÊTRE TRICOTÉS AVEC UNE TORSADE DE SAC À MAIN DE DEUXIÈME TAILLE,—NON. 24 AIGUILLES.

I.
Sac à motif de vérification diagonale.

Montez huit mailles pour chaque motif.

Premier tour : perle 1 ; avancez la soie, glissez-en une ; tricotez-en un, passez le point coulé dessus ; tricoter quatre ; perle un.—Répétez.

Deuxième tour : première perle ; tricotez-en six; perle un.—Répétez.

Troisième tour : perle 1 ; tricotez-en un; avancez la soie, glissez-en une ; tricotez-en un, passez le point coulé dessus ; tricotez-en trois; perle un.—Répétez.

Quatrième tour —Répétez le deuxième.

Cinquième tour : première perle ; tricotez-en deux; avancez la soie, glissez-en une ; tricotez-en un, passez le point coulé dessus ; tricotez-en deux; perle un.—Répétez.

Sixième tour —Répétez le deuxième.

Septième tour : première perle ; tricotez-en trois; avancez la soie, glissez-en une ; tricotez-en un, passez le point coulé dessus ; tricotez-en un; perle un.—Répétez.

Huitième tour —Répétez le deuxième.

Recommencez comme au premier rang.

II .
Sac motif losange.

Montez treize mailles pour chaque motif.

Premier tour : perle deux ; tricoter quatre ; avancez la soie, glissez-en une ; tricotez-en deux ensemble, passez le point coulé dessus; faites avancer la soie, tricotez-en quatre.—Répétez.

Deuxième tour : perle deux ; tricotez-en deux; tricotez-en deux ensemble; avancez la soie, tricotez-en trois ; amener la soie vers l'avant, en tricoter deux ensemble, prises par l'arrière.—Répéter.

Troisième tour : perle deux ; tricotez-en un; tricotez-en deux ensemble; avancez la soie, tricotez-en cinq ; avancer la soie, en tricoter deux ensemble, prises par l'arrière ; tricoter un.—Répéter.

Quatrième tour : perle deux ; tricotez-en deux ensemble; avancez la soie, tricotez-en trois ; avancez la soie, tricotez-en deux ensemble ; tricotez-en deux; amener la soie vers l'avant, en tricoter deux ensemble, prises par l'arrière.—Répéter.

Cinquième tour : perle deux ; tricotez-en deux; avancer la soie, en tricoter deux ensemble, prises par l'arrière ; tricotez-en trois; tricotez-en deux ensemble; faites avancer la soie, tricotez-en deux.—Répétez.

Sixième tour : perle deux ; tricotez-en trois; avancer la soie, en tricoter deux ensemble, prises par l'arrière ; tricotez-en un; tricotez-en deux ensemble; faites avancer la soie, tricotez-en trois.—Répétez.

Recommencez comme au premier rang.

III.
Sac à motif ourlet.

Montez treize mailles pour chaque motif.

Premier tour : tricotez deux ; avancez la soie, tricotez-en deux ensemble ; tricotez-en un; avancez la soie, tricotez-en deux ensemble ; perle un; avancez la soie, glissez-en une ; tricotez-en un, passez le point coulé dessus ; perle trois.—Répétez.

Deuxième tour : tricotez deux ensemble ; avancez la soie, tricotez-en une ; tricotez-en deux ensemble; avancez la soie, tricotez-en deux ; perle deux ; avancez la soie, glissez-en une ; tricotez-en un, passez la maille coulée dessus ; perle deux.—Répétez.

Troisième tour : tricotez deux ; avancez la soie, tricotez-en deux ensemble ; tricotez-en un; avancez la soie, tricotez-en deux ensemble ; perle trois ; avancez la soie, glissez-en une ; tricotez-en un, passez-le slip-stitchdessus; perle un.—Répétez.

Quatrième tour : tricotez deux ensemble ; avancez la soie, tricotez-en une ; tricotez-en deux ensemble; avancez la soie, tricotez-en deux ; perle quatre; avancez la soie, glissez-en une ; tricotez-en un, passez le point coulé dessus.—Répétez.

Cinquième tour : tricotez deux ; avancez la soie, tricotez-en deux ensemble ; tricotez-en un; avancez la soie, tricotez-en deux ensemble ; perle six.—Répétez.

Sixième tour : tricotez deux ensemble ; avancez la soie, tricotez-en une ; tricotez-en deux ensemble; avancez la soie, tricotez-en deux ; perle un; avancez la soie, glissez-en une ; tricotez-en un, passez le point coulé dessus ; perle trois.—Répétez.

Septième tour : tricotez deux ; avancez la soie, tricotez-en deux ensemble ; tricotez-en un; avancez la soie, tricotez-en deux ensemble ; perle deux ; avancez la soie, glissez-en une ; tricotez-en un, passez le point coulé dessus ; perle deux.—Répétez.

Huitième tour : tricotez deux ensemble ; avancez la soie, tricotez-en une ; tricotez-en deux ensemble; avancez la soie, tricotez-en deux ; perle trois ; avancez la soie, glissez-en une ; tricotez-en un, passez le point coulé dessus ; perle un.—Répétez.

Neuvième tour : tricotez deux ; avancez la soie, tricotez-en deux ensemble ; tricotez-en un; avancez la soie, tricotez-en deux ensemble ; perle quatre; avancez la soie, glissez-en une ; tricotez-en un, passez le point coulé dessus.—Répétez.

Dixième tour : tricotez deux ensemble ; avancez la soie, tricotez-en une ; tricotez-en deux ensemble; avancez la soie, tricotez-en deux ; perle six.—Répétez.

Recommencez comme au premier rang.

IV.
Sac à motif d'araignée.

Montez n'importe quel nombre de points qui peuvent être divisés par six.

Premier tour : avancez la soie, glissez-en une ; tricotez-en deux ensemble, passez le point coulé dessus; faites avancer la soie, tricotez-en trois.—Répétez.

Deuxième tour : tricot uni.

Troisième tour : avancez la soie, tricotez-en deux ensemble, deux fois ; tricoter deux.—Répéter.

Quatrième tour : tricot uni.

Cinquième tour : avancez la soie, tricotez-en trois ; avancez la soie, glissez-en une ; tricotez-en deux ensemble, passez le point coulé dessus.—Répétez.

Recommencez comme au premier tour.

V.
Sac à motif rayé.

Montez six mailles pour chaque motif.

Premier tour : tournez la soie autour de l'aiguille, perle trois ; avancez la soie, glissez-en une ; tricotez-en deux ensemble, passez le point coulé dessus.— Répétez.

Deuxième, troisième et quatrième tours : alternativement, perlez trois et tricotez trois.

Recommencez comme au premier tour.

Un sac, avec des perles noires ou grenat.

Il faudra 20 aiguilles, huit écheveaux de soie à filet et quatre bouquets de perles, y compris celles pour la frange.

Enfilez un demi-bouquet de perles sur un écheveau de soie filet bordeaux et montez quatre-vingt-huit points.

Premier et deuxième rangs : tricot uni, sans perles.

Troisième rangée : glissez-en une ; tricotez-en un avec une perle; tricoter un.— Répéter la même chose, en alternance, jusqu'à la fin du rang.

Répétez à partir de la première rangée quatre-vingt-quatre fois. Observez au début de chaque rang pour réaliser un point coulé.

Reliez les deux côtés en laissant une ouverture en haut et terminez par deux barrettes et une chaîne dorée. Une frange de perles de grenat, avec des pointes d'or, constitue la plus jolie garniture. Il devrait avoir une doublure rigide.

Frange tricotée.

Celui-ci peut être fait de laine ou de coton de n'importe quelle dimension, selon l'usage pour lequel il est requis ; il peut également être *espacé* de deux couleurs ou plus , en travaillant alternativement six rangées chacune.

Montez huit mailles.

Tricoter deux ; avancez la laine, tricotez-en deux ensemble ; tricotez-en un; avancez la laine, tricotez-en deux ensemble ; tricotez-en un.

Lorsqu'un nombre suffisant de rangs est tricoté pour former la longueur de frange souhaitée,—

Rabattez cinq mailles, en laissant trois à démêler pour la frange.

Avec du molleton à quatre fils, des aiguilles n° 10 peuvent être utilisées.

Frontière de Vandyke.

Cette bordure est généralement tricotée en coton, et peut être utilisée pour des rideaux en mousseline, pour des serviettes en poisson tricotées ou en filet, et pour des « rangements » pour les dossiers de chaises ou les bouts de canapés.

Monter sept mailles, sur les aiguilles n°17.

Premier et deuxième rangs : tricot uni.

Troisième rangée : glissez-en une ; tricotez-en deux; retourner, tricoter deux ensemble ; retourner deux fois, tricoter deux ensemble.

Quatrième rang : avancez le fil, tricotez-en deux ; perle un; tricotez-en deux; retourner, tricoter deux ensemble ; tricotez-en un.

Cinquième rangée : glissez-en une ; tricotez-en deux; retourner, tricoter deux ensemble ; tricoter quatre.

Sixième rang : tricotez six ; retourner, tricoter deux ensemble ; tricotez-en un.

Septième rangée : glissez-en une ; tricotez-en deux; retourner, tricoter deux ensemble ; retourner deux fois, tricoter deux ensemble ; retourner deux fois, tricoter deux ensemble.

Huitième rang : tricotez deux ; perle un; tricotez-en deux; perle un; tricotez-en deux; retourner, tricoter deux ensemble ; tricotez-en un.

Neuvième rangée : glissez-en une ; tricotez-en deux; retourner, tricoter deux ensemble ; retourner deux fois, tricoter deux ensemble ; retourner deux fois, tricoter deux ensemble ; retourner deux fois, tricoter deux ensemble.

Dixième rang : tricotez deux ; perle un; tricotez-en deux; perle un; tricotez-en deux; perle un; tricotez-en deux; retourner, tricoter deux ensemble ; tricotez en un.

Onzième rangée : glissez-en une ; tricotez-en deux; retourner, tricoter deux ensemble ; tricoter neuf.

Douzième rangée : rejetez tous sauf sept ; tricoter quatre ; retourner, tricoter deux ensemble ; tricotez-en un.

Ceci termine le premier vandyke . — Recommencez, comme au troisième rang.

Un châle demi-carré chaud.

Polaire à quatre fils, ou laine Zephyr à huit fils, de deux couleurs , disons rose et blanc. — Non. 8 aiguilles.

Monter une maille rose et augmenter au début d'un rang sur deux jusqu'à ce qu'il y ait dix mailles sur l'aiguille. Au rang suivant, tricotez sept mailles pour la bordure, qui est entièrement en tricot simple ; joindre sur la laine blanche, et perle trois, en augmentant sur la dernière maille.

Au rang suivant, avancez la laine, glissez-en une ; tricotez-en deux, passez la maille glissée dessus ; tricoter le reste du point blanc uni ; tricoter les sept mailles pour la bordure, en tordant les deux couleurs en les changeant.

Au rang suivant, tricotez les sept mailles pour la bordure ; perler le blanc, en augmentant à la fin comme avant.

Répétez les deux derniers rangs qui composent tout le motif jusqu'à ce que le châle ait la taille souhaitée et terminez par la bordure tricotée unie, pour correspondre à l'autre côté.

NB Au rang fantaisie du blanc, lorsque des mailles inégales apparaissent en fin de rang, elles sont à tricoter en uni.

Une écharpe chaude en double tricot, en deux couleurs .

Monter trente-six points en molleton bleu à six fils.—No. 2 aiguilles.

Premier rang : avancez la laine, glissez-en une ; repassez la laine, tricotez-en une en tournant la laine deux fois autour de l'aiguille. — Répétez jusqu'à la fin du rang.

Chaque rang suivant est le même, en observant que le point tricoté passe toujours par-dessus le point coulé.

Il faudra sept rangées de bleu, sept de blanc, sept de bleu, trente-huit de blanc, sept de bleu, sept de blanc et sept de bleu.

Rabattez et remontez les extrémités. Terminez avec des pompons bleus et blancs.

Une bordure pour un châle ou une courtepointe.

Cette bordure doit être tricotée séparément, avec des aiguilles et de la laine de la même taille que le châle ou le quilt, puis cousue.

Montez n'importe quel nombre pair de points.

Premier rang — Faites avancer la laine, tricotez-en deux ensemble.

Deuxième rangée : tricot uni.

Répétez ces deux rangs alternativement.

Tricot surélevé pour un châle.

Deux aiguilles n° 19 et une aiguille n° 13 doivent être utilisées.

Montez n'importe quel nombre pair de points, si nécessaire, avec de la laine allemande.

Premier rang : avec la petite aiguille, faites alternativement une maille et tricotez deux mailles ensemble.

Deuxième rang : tricot uni, avec une grosse aiguille.

Troisième rang : tricot uni, avec une petite aiguille.

Quatrième rang : tricot de perles, avec une petite aiguille.

Répétez, à partir de la première rangée.

Ce genre de tricot convient aussi bien aux capuchons, aux manchons, aux manchettes, etc. Il est très joli pour un châle à rayures, en tricotant alternativement trois motifs de chaque couleur . Pour un châle d'un mètre et demi carré, il faudrait environ trois cent soixante points.

Un Châle Russe, en Point Brioche.

Laine allemande.—Non. 9 aiguilles.

Pour un châle d'un mètre et demi carré, il faudra environ trois cent soixante points. — Cinq nuances chacune, de deux couleurs différentes , retournées, avec la plus claire au centre , tricotant deux rangs de chaque nuance, ont fière allure. .—Les couleurs suivantes sont de bonnes couleurs , —couleur écarlate et pierre ,—bleu et marron,—lilas et brun rouge,—lilas et blanc.

Le point brioche est simple : avancez la laine, glissez-en une ; tricotez-en deux ensemble.

Un point léger pour un châle.

Molletonné à trois fils.—Non. 10 aiguilles.

Monter n'importe quel nombre pair de mailles. — Avancer la laine, tricoter deux mailles ensemble, alternativement, jusqu'à la fin du rang. Chaque ligne est la même.

Châle à motif étoile, en deux couleurs .

Monter quatre points en laine Zephyr bleue ou en laine à quatre fils.—No. 6 aiguilles.

Premier rang — faire avancer la laine, en tricoter une, — (ces deux mailles forment l'augmentation, et ne sont donc *pas* à *répéter*) ; avancez la laine, glissez-en une ; tricotez-en deux, passez le point coulé dessus. — Répétez la même chose jusqu'à la fin du rang.

Deuxième rangée — tricot de perles en bordeaux.

Troisième rangée — la même que la première — en bleu.

Quatrième rang — le même que le deuxième — en bordeaux.

Répétez ces rangs alternativement, en bleu et bordeaux, jusqu'à ce qu'il y ait cent quatre-vingts mailles sur l'aiguille ; rabattre et terminer par une frange en filet.

Comme l'augmentation ajoute un point irrégulier, certaines rangées auront un point tricoté et d'autres deux points tricotés au début.

Barège Tricot pour Châles.

Commencez par n'importe quel nombre de points qui peuvent être divisés par trois.—Non. 4 aiguilles, la meilleure laine *de Lady Betty.* —Tricoter une rangée unie.

Deuxième rang : avancez la laine, tricotez-en trois ; Avancez la laine, tricotez-en trois ensemble en les enlevant par l'arrière.

Troisième rangée : tricot de perles.

Quatrième rang : avancer la laine, en tricoter trois ensemble en les enlevant par l'arrière ; avancez la laine, tricotez-en trois.

Cinquième rangée : tricot de perles.

Répétez à partir de la deuxième rangée.

Lorsqu'un motif, en une ou plusieurs couleurs , doit être introduit, rompez la couleur de fond et attachez-la à la couleur suivante à utiliser, de la manière suivante. Après avoir fait un nœud coulant au bout de la laine, passez sur l'aiguille de la main gauche : torsadez ensemble le bout de la laine colorée et celui du fond, tricotez en tricot simple les mailles nécessaires au motif, puis arrêtez en faisant une boucle et recommencez. avec la couleur de fond ,— fixation à nouveau comme ci-dessus. Un nombre illimité de couleurs peuvent ainsi être introduites, pour former des fleurs ou d'autres motifs, qui doivent cependant toujours être réalisés en tricot uni.

Une écharpe tricotée Shetland.

Commencez par le motif de la bordure, en montant cent points pour la largeur de l'écharpe. — Non. 7 aiguilles et broderie à quatre fils, ou laine *de Lady Betty* .

Premier rang : tricotez deux mailles ensemble, quatre fois ; avancez la laine, tricotez-en une, huit fois ; tricoter deux mailles ensemble, quatre fois ; perle un.—Répétez jusqu'à la fin de la rangée.

Deuxième rangée : tricot de perles.

Troisième rangée : tricot uni.

Quatrième rangée : tricot de perles.

Répétez à partir de la première rangée, jusqu'à ce que le motif atteigne environ quatorze pouces de profondeur. Commencez le centre comme suit : travaillez une rangée de tricot de perles, avant le début du motif.

Premier rang : avancez la laine, glissez-en une ; tricotez-en un, passez la maille coulée dessus ; tricotez-en un; perle un.—Répétez jusqu'à la fin de la rangée.

Deuxième rangée et suivantes — répétez la première, — chaque rangée étant semblable.

Si la laine est fendue, elle imite exactement la laine Shetland. Lors du fendage, la laine se casse fréquemment ; mais cela n'a pas d'importance, car en posant les extrémités à l'inverse et en les tordant ensemble, quelques points peuvent être tricotés de telle sorte que les joints ne soient pas perceptibles.

Les deux extrémités de l'écharpe sont à réaliser de la même manière, en inversant le tricot de la bordure. Ils peuvent être terminés par une frange nouée, tricotée ou en filet, de la même laine, sans fentes, ou de fine laine allemande.

Modèle Shetland pour un châle.

Cela doit être travaillé avec de la laine *Lady Betty* , ou une laine à broder à quatre fils, avec des aiguilles n° 6 ou 8.

Montez n'importe quel nombre de points qui peuvent être divisés par six.

Premier rang : avancez la laine, tricotez-en une ; avancez la laine, tricotez-en une ; — glissez-en une ; tricotez-en deux ensemble, passez le point coulé dessus; tricotez-en un.

Deuxième rangée : tricot de perles.

Troisième rang : avancez la laine, tricotez-en trois ; avancez la laine, glissez-en une ; tricotez-en deux ensemble, passez le point coulé dessus.

Quatrième rangée : tricot de perles.

Cinquième rang : tricotez-en un ; glissez-en un; tricotez-en deux ensemble, passez le point coulé dessus; tricotez-en un; avancez la laine, tricotez-en une ; faire avancer la laine.

Sixième rangée : tricot de perles.

Septième rangée : glissez-en une ; tricotez-en deux ensemble, passez le point coulé dessus; avancez la laine, tricotez-en trois ; faire avancer la laine.

Huitième rangée : tricot de perles.

NB Il doit y avoir deux mailles simples au début et à la fin de chaque rang, pour former une bordure.

Autres modèles de châles.

Avec de la laine fine Shetland ou *Lady Betty* et des aiguilles n° 10, les plus beaux châles peuvent être tricotés à partir du motif feuille et treillis (page 36), du motif point (page 42), du motif Scotch (page 44) ou du motif dentelle (page 47).

Double point de diamant pour une courtepointe.

C'est le plus joli en rayures d'environ cinq pouces de largeur, dans deux couleurs quelconques .

Montez n'importe quel nombre de mailles qui peuvent être divisées par trois, en permettant deux au-dessus, pour une maille à chaque extrémité du rang.

Premier rang : tricot uni.

Deuxième rangée : glissez- en une ; (a) avancer la laine, en glisser une ; tricoter deux ensemble.—Répéter à partir de (a).—Tricoter le dernier point en tricot uni.

Troisième rangée : glissez-en une ; tricotez-en un; le point suivant est un point double (c'est-à-dire un point et une boucle) — tricotez le point et glissez la boucle ; — continuez à tricoter le point et glissez la boucle jusqu'à la fin du rang.

Quatrième rang : recommencez comme au deuxième rang.

Tous les *deux* rangs, il y aura un point double après le premier, celui-ci doit être tricoté sans faire avancer la laine. Toutes les autres mailles doivent être tricotées comme avant.

NB La dernière maille de chaque rang est à tricoter en uni.

Une courtepointe.

Cela peut être tricoté comme une courtepointe pour bébé, ou cela peut être fait en petits carrés pour une grande courtepointe.—Laine Zephyr à huit fils.—Non. 6 aiguilles.

Montez n'importe quel nombre de points qui peuvent être divisés par trois, pour un carré de six pouces, disons quarante-cinq ; pour une couette pour bébé, deux cent trente et un.

Première rangée : glissez-en une ; tricotez-en deux, pris ensemble devant; (a) tournez la laine autour de l'aiguille et ramenez-la de nouveau devant; glissez-en un; tricoter deux ensemble.—Répéter à partir de (a).

Chaque rangée se ressemble.

NB Les deux dernières mailles en fin de rang sont à tricoter—la première perlée,—la seconde tricotée.

Une couverture légère et chaleureuse.

Polaire à six fils en deux couleurs : disons bleu et blanc ; ou, ce qui est préférable, de la laine allemande pour courtepointe – aiguilles n° 2, pointues aux deux extrémités.

Montez n'importe quel nombre de mailles en bleu.

Premier rang : tricot simple, en tournant la laine deux fois autour de l'aiguille.

Deuxième rangée : joignez-vous à la laine blanche, tricotez-en une ; tricotez-en deux ensemble, en tournant la laine deux fois autour de l'aiguille ; continuez à tricoter deux ensemble et en tournant la laine deux fois autour de l'aiguille, jusqu'à la fin du rang, mais tricotez simplement le dernier point.

Troisième rangée : commencez à l'autre extrémité de l'aiguille ; tricoter deux mailles prises ensemble devant en entortillant la laine deux fois autour de l'aiguille.

Quatrième rangée —blanc,—en tricoter une ; tricotez-en deux ensemble en tournant la laine deux fois autour de l'aiguille ; tricotez-en un.

Cinquième rangée : recommencez comme à la troisième rangée.

Modèle de point de croix pour une courtepointe.

Deux couleurs , disons couleur or et blanc. Non. 3 aiguilles pointues aux deux extrémités.—Montez un nombre quelconque de mailles.

Premier rang — blanc, — tricoter un point simple en tournant la laine deux fois autour de l'aiguille. — Répéter jusqu'à la fin du rang.

Deuxième rang — couleur or , — se rejoignant sur la couleur où commençait le dernier rang de blanc ; — tricoter un point simple, en tournant la laine une fois autour de l'aiguille ; tricoter ensemble le point long et celui qui a été tricoté dans le dernier rang, en tournant la laine deux fois autour de l'aiguille.—Répétez jusqu'à la fin du rang,—quand il restera un point, qui doit être tricoté de la même manière que le point uni en début de rang.

Troisième rang — blanc, — tricoter deux ensemble, pris devant, en tournant la laine deux fois autour de l'aiguille. — Répéter jusqu'à la fin du rang.

Quatrième rang — couleur or, — la même que le troisième, — tricoter un point uni au début du rang et un point uni à la fin du rang, en tordant la laine une fois autour de l'aiguille.

Cinquième rang — blanc, — tricoter deux ensemble en entortillant la laine deux fois autour de l'aiguille. — Répéter jusqu'à la fin du rang.

Sixième rang — Recommencez , comme au deuxième rang.

Il convient de remarquer que deux rangs sont tricotés à l'arrière et deux à l'avant.

Une autre courtepointe.

Celui-ci doit être tricoté en bandes de six pouces de largeur.—Monter n'importe quel nombre de points qui peuvent être divisés par trois ;—Laine matelassée allemande.—Non. 1 aiguilles.

Premier rang : avancez la laine, glissez-en une ; tricotez-en deux, passez le point coulé dessus.—Répétez.

Deuxième rangée : tricot de perles.

Troisième rang : tricotez deux tricots avant de commencer le motif, afin que les trous puissent venir dans une direction diagonale.

Quatrième rangée : tricot de perles.

Cinquième rangée – identique à la troisième.

Un Quilt, ou Couvre -Pied, en carrés.

Cela peut être travaillé avec Zephyr laineux,—Non. 9 aiguilles, chaque pièce mesurant environ trois pouces carrés et demi. Chaque carré est travaillé en deux couleurs : bleu et blanc ; lilas et blanc; couleur or et blanc; vert et blanc ; etc. Ces pièces doivent ensuite être assemblées, en les disposant selon leurs différentes couleurs . Cependant, si vous préférez, chaque carré peut être travaillé de la même manière. Les instructions suivantes concernent un carré vert et blanc : –

Premier rang — faire avancer la laine, en tricoter une, — en vert. Tricoter *cinq rangs* supplémentaires , de la même manière, alors qu'il devrait y avoir sept mailles sur l'aiguille.

Septième rang : faire avancer la laine, en tricoter deux, en vert ; joindre sur le blanc, tricoter trois ; joindre sur une autre longueur de vert, tricoter deux.

Huitième rang : avancez la laine verte, tricotez-en deux ; perle trois, blanche ; tricoter trois, vert.

Neuvième et dixième rangs : tricotez jusqu'à la fin de chaque rang, en vert, en augmentant au début, comme avant.

Onzième rang : faire avancer la laine, tricoter deux, vert ; tricoter sept, blanc; tricoter deux, vert.

Douzième rang : faire avancer la laine, tricoter deux, vert ; perle sept, blanche; tricoter trois, vert.

Treizième et quatorzième rangs — tricoter jusqu'à la fin de chaque rang, en vert, en augmentant, comme avant.

Quinzième rang : faire avancer la laine, tricoter deux, vert ; tricoter onze, blanc; tricoter deux, vert.

Seizième rang : avancez la laine, tricotez deux, vert ; perle onze, blanche; tricoter trois, vert.

Dix-septième et dix-huitième rangs — comme les treizième et quatorzième. — Il devrait maintenant y avoir dix-neuf mailles sur l'aiguille, — la moitié du carré étant complétée. La diminution commence alors comme suit : -

Dix-neuvième rang : en glisser un, en tricoter deux ensemble, en tricoter un, vert ; tricoter onze, blanc; tricoter quatre verts.

Vingtième rang : en glisser un, en tricoter deux ensemble, en tricoter un, vert ; perle onze, blanche; tricoter trois, vert.

Vingt et unième et vingt-deuxième rangs — verts — décroissants au début de chaque rang.

Vingt-troisième rang : en glisser un, en tricoter deux ensemble, en tricoter un, vert ; tricoter sept, blanc; tricoter quatre, vert.

Vingt-quatrième rang : en glisser un, en tricoter deux ensemble, en tricoter un, vert ; perle sept, blanche; tricoter trois, vert.

Vingt-cinquième et vingt-sixième rangs — verts, — décroissants, comme auparavant.

Vingt-septième rang : en glisser un, en tricoter deux ensemble, en tricoter un, vert ; tricoter trois, blanc; tricoter quatre, vert.

Vingt-huitième rang : en glisser un, en tricoter deux ensemble, en tricoter un, vert ; perle trois, blanche ; tricoter trois, vert.

Le blanc est désormais terminé. Le carré doit être terminé par des rangées simples de vert, décroissantes au début de chacune.

Une housse pour un oreiller pneumatique.

Montez quatre-vingts mailles sur chacune des trois aiguilles n° 9.— Molletonné à trois fils.

Premier tour — faire avancer la laine, en tricoter une. — Répéter.

Deuxième tour : glissez-en un ; tricotez-en un, passez la maille coulée dessus. — Répétez.

Répétez alternativement le premier et le deuxième tour.

Une capuche de bébé.

à quatre fils *de Lady Betty* , rose et blanche, peut être utilisée. Huit aiguilles seront nécessaires, à savoir. quatre n° 25, deux n° 18 et deux, chacun d'un pouce de circonférence.

Montez quatre-vingt-deux mailles, avec des aiguilles roses n° 18, et tricotez quatre rangs simples.

> Tricoter quatre rangs unis.
>
> Avancez la laine, tricotez-en deux ensemble. | blanc .
>
> Tricoter trois rangs unis.

Répétez les quatre dernières rangées six fois. — Il y aura maintenant trente-six rangées depuis le début.

Montez seize mailles supplémentaires sur la même aiguille, pour former la pièce à l'arrière.—Répétez six rangs supplémentaires du motif.—Tricotez deux rangs unis en rose;—puis divisez les mailles sur trois aiguilles n° 25, pour former un rond,—comme début pour la couronne.

Tricoter *trois tours* unis .

Quatrième tour — faire avancer la laine, en tricoter deux ensemble. — Répéter.

Cinquième tour : tricotez deux ensemble ; tricoter douze.—Répéter.

Sixième tour : tricotez deux ensemble ; tricoter onze.—Répéter.

Septième tour : tricotez deux ensemble ; tricoter dix.—Répéter.

Huitième tour : tricot uni.

Neuvième tour — faire avancer la laine, en tricoter deux ensemble. — Répéter.

Dixième tour : tricoter neuf ; tricoter deux ensemble.—Répéter.

Onzième tour : tricotez huit ; tricoter deux ensemble.—Répéter.

Douzième tour : tricotez sept points ; tricoter deux ensemble.—Répéter.

Treizième tour : tricot uni.

Quatorzième tour — faire avancer la laine, en tricoter deux ensemble. — Répéter.

Quinzième tour : tricotez deux ensemble ; tricoter huit.—Répéter.

Seizième tour : tricotez deux ensemble ; tricoter sept.—Répéter.

Dix-septième tour : tricotez deux ensemble ; tricoter six.—Répéter.

Dix-huitième tour : tricot simple.

Dix-neuvième tour — faire avancer la laine, en tricoter deux ensemble. — Répéter.

Vingtième tour : tricotez huit ; tricoter deux ensemble.—Répéter.

Vingt et unième tour : tricotez sept ; tricoter deux ensemble.—Répéter.

Vingt-deuxième tour : tricotez six ; tricoter deux ensemble.—Répéter.

Vingt-troisième tour : tricot uni.

Vingt-quatrième tour — faire avancer la laine, en tricoter deux ensemble. — Répéter.

Vingt-cinquième tour : tricotez-en deux ensemble ; tricoter cinq.—Répéter.

Vingt-sixième tour : tricotez deux ensemble ; tricoter quatre.—Répéter.

Vingt-septième tour : tricotez deux ensemble ; tricoter trois.—Répéter.

Vingt-huitième tour : tricot uni.

La couronne est maintenant terminée ; il est à dessiner avec une aiguille et de la laine.

L'ouverture au dos doit être cousue ; et une bande, correspondant au tricot uni devant, doit être formée en soulevant cinquante-six mailles en rose et en tricotant trois rangs unis avec les aiguilles n° 18. Puis, avec du blanc, montez seize mailles sur la même aiguille et tricotez soixante-douze mailles ; monter seize mailles et tricoter trois rangées de quatre-vingt-huit mailles. Au rang suivant, avancez la laine, tricotez-en deux ensemble. Tricoter six rangs unis.

Avec les grosses aiguilles, formez la collerette, en tricotant deux rangs en blanc et deux en rose ; Ensuite, tricotez vingt-deux rangs en tricotant alternativement quatre rangs en blanc et deux en rose. Rabattez-le et cousez-le de manière à former une double collerette très lâche autour du col.

Pour le devant de la capuche, relevez quatre-vingt-deux mailles et, avec les aiguilles n°18, tricotez un rang uni. Puis, avec les grosses aiguilles, tricotez deux rangs unis en blanc ; deux en rose ; et quatre en blanc. Rabattre.— Ceci

, lorsqu'il est cousu en double, termine les bords de la capuche. Il est à dessiner, avec du ruban, au dos et au recto.

Une chaussette pour bébé.

Monter vingt-huit points en laine allemande *rose.—No.* 19 aiguilles.

Tricoter six tours, en augmentant une maille à chaque rang, pour former la pointe et le talon.

Tricoter six tours supplémentaires, en augmentant une maille à une extrémité seulement, pour la pointe.

Rabattez trente mailles sur une autre aiguille ; tricotez les seize mailles restantes, pendant dix-huit tours, et rabattez-les sur une autre aiguille.

Avec *du blanc* ,—relever les trente mailles roses;—tricoter trois rangs unis;—au rang suivant, faire avancer la laine, tricoter deux ensemble.

Tricoter trois rangs unis ; laissez seize mailles sur l'aiguille et répétez sept fois le motif en blanc, sur le cou-de-pied, qui sera ensuite cousu au tricot rose pour l'orteil.

Monter seize mailles blanches, pour correspondre à l'autre côté.

Tricoter deux rangs unis ; — dans le suivant, avancer la laine, tricoter deux ensemble, — sur toute la longueur du rang ; — tricoter un rang uni en rose, en reprenant les mailles rabattues pour la pointe. Ce côté de la chaussure sera fait correspondre à l'autre, en diminuant au lieu d'augmenter. — La chaussure et le blanc du cou-de-pied seront maintenant terminés.

Relevez les points de la chaussure et du cou-de-pied ; tricotez trois tours simples. Prenez une aiguille plus grosse, avancez la laine, tricotez-en deux ensemble, en formant les trous pour passer le ruban.

Tricoter trois tours simples avec la petite aiguille. Au rang suivant, avancez la laine, tricotez-en deux ensemble.

Tricoter trois rangs unis. Dans le suivant, avancez la laine, tricotez-en deux ensemble ; répétez la même chose jusqu'à ce que la chaussette ait la hauteur désirée. — Rabattez très légèrement.

Une autre chaussette de bébé.

laine *de Lady Betty* à quatre fils.—Non. 11 aiguilles.

Montez vingt-six mailles.

Première rangée : perle deux ; tricotez-en deux; en alternance, jusqu'à la fin du rang.

Deuxième rangée : tricotez deux ; perle deux.

Troisième rangée : perle deux ; tricotez-en deux.

Quatrième rangée — Tricot de perles.

Répétez les quatre rangs ci-dessus douze fois, ce qui fait un total de cinquante-deux rangs, mais, dans le cinquante-deuxième rang, ne perlez que quatorze mailles et rabattez les douze mailles restantes. Alors,-

Relevez quatorze mailles, en les perlant en même temps, à l'extrémité commencée, en laissant douze, pour correspondre à celles rabattues à l'autre extrémité. Répétez les quatre rangées, comme avant, trois fois, en faisant les douze rangées. Attachez, en remontant ces points avec une aiguille et de la laine, pour former le bout, et cousez la chaussure à la semelle.

Il faut maintenant relever vingt-sept points en haut de la chaussure, autour de la jambe ; puis, alternativement, perlez un rang, tricotez un rang , pendant cinq rangs, et rabattez. — Cela forme une finition vers le haut. La chaussure doit être lacée avec un ruban.

Un bas de bébé.

Monter vingt-trois points en marron,—Non. 18 aiguilles et tricoter six tours, en augmentant un point à chaque extrémité, pour la pointe et le talon.

Tricoter six tours, en augmentant une seule maille, au niveau de la pointe. Il y aura désormais quarante et un points sur l'aiguille. Rabattez vingt-cinq mailles et tricotez les seize mailles restantes pendant dix-huit tours. Un côté de la chaussure et le cou-de-pied vont maintenant être réalisés.

Montez vingt-cinq mailles et tricotez l'autre côté de la chaussure pour qu'il corresponde.

Relevez les mailles, en blanc, sur le cou-de-pied. Tricoter deux tours en attrapant une boucle des côtés de la chaussure, dans chaque rang, pour les assembler.

Tricoter un tour en marron ; deux en blanc ; un en marron ; deux en blanc ; et un en marron.— La chaussure et le cou-de-pied seront maintenant terminés.

Relevez les mailles de la chaussure, de chaque côté de la pièce qui forme le cou-de-pied. Il devrait maintenant y avoir quarante points sur l'aiguille.

Tricoter sept tours en blanc ; puis dix-huit tours, en augmentant un point au début et à la fin d'un tour sur deux. Tricoter trois tours simples ; puis dix-huit tours, en diminuant un point tous les deux tours, au début et à la fin.

Quarante points seront désormais trouvés sur l'aiguille. Tricoter et perler deux, en alternance, pendant cinq tours. Tricoter deux rangs unis. Tricoter un rang en rouge ; puis rabattez sans serrer.

La chaussure doit être cousue pour lui donner sa forme et le bas doit être fermé.

Un coffre de chariot.

Deux couleurs , disons bleu et bordeaux, quatre ou six fils laineux, aiguilles n° 6.

Montez dix-sept points sur chacune des trois aiguilles, en bordeaux ; perlez six tours, tricotez cinq tours.

Avec le bleu, tricotez un tour, perlez un tour, alternativement, pendant six tours.

Avec le bordeaux, répétez les six derniers tours.

Répétez les deux dernières rayures deux fois. Alors,-

À partir de la première aiguille, tricotez quatorze mailles en bordeaux ; rejoignez sur le bleu; tricoter vingt-trois mailles en laissant quatorze mailles (bordeaux), correspondant à l'autre côté, sur la troisième aiguille ; puis revenez en arrière et tricotez cinq rangs, en glissant le premier point au début de chaque rang.

Répétez la dernière bande trois fois ; le premier avec du bordeaux, le deuxième avec du bleu, le troisième avec du bordeaux.

Dans les trois bandes suivantes des couleurs alternées , tricotez-en deux ensemble au début et à la fin de chaque troisième rang. Ensuite, tricotez une rayure (bordeaux), en tricotant deux ensemble au début de chaque rang. Rabattre.— Ceci termine le devant de la botte.

Recommencez par les quatorze points bordeaux qui restaient sur la première aiguille, tricotez-les et montez encore trente-six points bordeaux ; tricoter six rangs unis. — Au rang suivant, tricoter deux ensemble, au début. Tricoter neuf rangs supplémentaires, en tricotant deux ensemble au début d'un rang sur deux. — Dans les quatre rangs suivants, — tricoter deux ensemble au début de chaque rang. — Ceci termine la première moitié du pied.

Tricoter les quatorze mailles restantes sur la troisième aiguille en montant trente-six mailles, comme avant, et terminer l'autre moitié du pied de la même manière.

Les deux moitiés du pied doivent ensuite être cousues ensemble et le pied cousu à l'avant de la botte.

Une chaussette de nuit à double tricot.

Montez quatre-vingt-huit points en laine blanche à quatre ou six fils. 3 aiguilles.

NB Dans chaque rang, la première maille doit être glissée ; la dernière maille doit être tricotée en plaine.

Premier rang : tricot uni.

Deuxième rang : tricotez-en un, passez la laine vers l'avant ; glissez-en un, repassez la laine.—Répétez.

Répétez la deuxième rangée vingt-huit fois.

Trente et unième rang : tricotez soixante-deux mailles, comme pour le deuxième rang ; puis, tricotez-en deux ensemble, jusqu'au bout du rang.

Trente-deuxième rang : rabattre vingt-cinq mailles ; tricoter trente-huit mailles, comme pour le deuxième rang ; Rabattez les vingt-cinq mailles restantes.

Tricoter twentydes rangs comme le deuxième rang.

Cinquante-deuxième rangée : glissez-en une ; tricotez-en deux ensemble; tricoter quatorze mailles, comme pour le deuxième rang ; tricotez-en deux ensemble; tricoter les mailles restantes, comme pour le deuxième rang.

Cinquante-troisième rangée : répétez la dernière.

Cinquante-quatrième rangée : glissez-en une ; tricotez-en deux ensemble; tricoter les mailles restantes, comme pour le deuxième rang.

Répétez la dernière rangée sept fois.

Soixante-deuxième rangée : glissez-en une ; tricotez-en deux ensemble; tricoter huit mailles, comme pour le deuxième rang ; tricotez-en deux ensemble; tricoter les mailles restantes, comme pour le deuxième rang.

Soixante-troisième rangée : répétez la dernière.

Tricoter trois rangs, comme le deuxième rang.

Relevez les points pour la pointe et cousez le dos et le devant.

Une Frileuse ou Neck Tippet.

Monter trente points de suture avec de la laine allemande double.—Aiguilles d'un pouce et trois quarts de circonférence.

Tricoter trente rangs en tricot uni, en glissant la première maille de chaque rang.— Rabattre souplement.

A nouer avec des cordons et des petits pompons.

Modèle de roue pour les rangements, etc.

Fil à tricoter en lin , n° 10.—Aiguilles, n° 18. Montez n'importe quel nombre de points pouvant être divisés par dix.

Premier rang : tricotez-en un ; avancez le fil, tricotez-en trois ; glissez-en un; tricotez-en deux ensemble, passez le point coulé dessus; tricotez-en trois; faire avancer le fil.—Répéter.

Deuxième rangée : tricot uni.

Répétez ces deux rangs, alternativement.

Corail tricoté.

Monter quatre mailles, avec un fin galon plat écarlate, aiguilles n°19.

Tricot simple, mais en glissant la première maille de chaque rang.

Conseils pour le tricot.

Un point simple au début de chaque rangée, communément appelé *point de bordure* , constitue une grande amélioration dans la plupart des cas, car il crée un bord uniforme et le motif reste plus uniforme au début. Dans la plupart des tricots, le point de bordure est glissé.

Il est plus facile d'apprendre à tricoter en tenant la laine sur les doigts de la main gauche ; la position des mains est plus gracieuse lorsqu'elles sont ainsi tenues.

Il est toujours conseillé de rabattre les rabats sans serrer.

Lorsqu'il est nécessaire de rabattre et de continuer le rang sur une aiguille séparée, il est parfois préférable de passer une soie grossière dans les mailles rabattues ; ils sont facilement repris, lorsque cela est nécessaire, et l'inconvénient de l'aiguille inutilisée est évité.

En tricot, lorsqu'on parle de motif, cela désigne autant de rangs que le motif forme.

LA FIN.